BEI GRIN MACHT SICH IHR WISSEN BEZAHLT

- Wir veröffentlichen Ihre Hausarbeit, Bachelor- und Masterarbeit

- Ihr eigenes eBook und Buch - weltweit in allen wichtigen Shops

- Verdienen Sie an jedem Verkauf

Jetzt bei www.GRIN.com hochladen und kostenlos publizieren

Bibliografische Information der Deutschen Nationalbibliothek:

Die Deutsche Bibliothek verzeichnet diese Publikation in der Deutschen Nationalbibliografie; detaillierte bibliografische Daten sind im Internet über http://dnb.d-nb.de/ abrufbar.

Dieses Werk sowie alle darin enthaltenen einzelnen Beiträge und Abbildungen sind urheberrechtlich geschützt. Jede Verwertung, die nicht ausdrücklich vom Urheberrechtsschutz zugelassen ist, bedarf der vorherigen Zustimmung des Verlages. Das gilt insbesondere für Vervielfältigungen, Bearbeitungen, Übersetzungen, Mikroverfilmungen, Auswertungen durch Datenbanken und für die Einspeicherung und Verarbeitung in elektronische Systeme. Alle Rechte, auch die des auszugsweisen Nachdrucks, der fotomechanischen Wiedergabe (einschließlich Mikrokopie) sowie der Auswertung durch Datenbanken oder ähnliche Einrichtungen, vorbehalten.

Impressum:

Copyright © 2016 GRIN Verlag, Open Publishing GmbH
Druck und Bindung: Books on Demand GmbH, Norderstedt Germany
ISBN: 9783668552180

Dieses Buch bei GRIN:

http://www.grin.com/de/e-book/377493/darstellung-von-kupfer-cu-eine-aluminothermische-reduktion-von-kupfer-ii-oxid

Michael Hoffmann

Darstellung von Kupfer (Cu). Eine aluminothermische Reduktion von Kupfer(II)oxid

Versuchsprotokoll

GRIN - Your knowledge has value

Der GRIN Verlag publiziert seit 1998 wissenschaftliche Arbeiten von Studenten, Hochschullehrern und anderen Akademikern als eBook und gedrucktes Buch. Die Verlagswebsite www.grin.com ist die ideale Plattform zur Veröffentlichung von Hausarbeiten, Abschlussarbeiten, wissenschaftlichen Aufsätzen, Dissertationen und Fachbüchern.

Besuchen Sie uns im Internet:

http://www.grin.com/

http://www.facebook.com/grincom

http://www.twitter.com/grin_com

Darstellung von Kupfer (Cu)

Eine aluminothermische Reduktion von Kupfer(II)oxid

Protokoll zum Anorganisch-Chemischen Grundpraktikum II:
Anorganische Präparate

1 Zusammenfassung

Durch eine aluminothermische Reduktion von Kupfer(II)oxid (CuO) konnte Kupfer (Cu) dargestellt werden. Das erhaltene Produkt war von weicher und formbarer Erscheinung, es wies einen roten, metallischen Glanz auf.

2 Theoretischer Hintergrund

Nur wenige Elemente liegen in der Natur gediegen (elementar) vor, vielfach kommen sie daher in Verbindungen vor. Metalle und Halbmetalle liegen meist als ionische Festkörperverbindungen wie Oxide, Sulfide, Silicate etc. in der Natur vor. Da diese Verbindungen meist aus Metall- und Halbmetallkationen und Nichtmetallanionen bestehen, sind es im Allgemeinen Reduktionsprozesse, die zur Elementdarstellung führen.[1]

Bei Kupfer (Elementsymbol Cu) handelt es sich um das 29. Element des Periodensystems. Es ist ein hellrotes, metallisch glänzendes, relativ weiches Übergangsmetall der 11. Gruppe und 4. Periode. Kupfer ist gut mechanisch formbar (duktil), leitet hervorragend Wärme und Strom (nach Silber (Ag) der beste Stromleiter) und findet so vielseitige Verwendung. Aufgrund seiner Elektronenkonfiguration *[Ar]3d^{10} 4s^1* tritt es häufig in den Elektronenkonfigurationen +I und +II auf. Kupfer kristallisiert in der kubisch dichtesten Packung (Cu-Typ). Die Dichte beträgt so $8,92\,g/cm^3$. Der Schmelzpunkt des Kupfers liegt bei $1083,4\,°C$, der Siedepunkt bei $2595\,°C$. Kupfer findet als Legierungsbestandteil vielfach Anwendung.[2]

Als edles Übergangsmetall kommt es in der Lithosphäre[1] in kleineren Mengen gediegen vor, ist aber meist kationisch als Oxid, Sulfid oder Carbonat gebunden. An der Luft passiviert elementares Kupfer langsam zu rotem Kupfer(I)-Oxid (Cu_2O). Bei Gegenwart von Kohlendioxid, Schwefeldioxid oder chloridhaltigem Nebel bildet sich die bekannte grüne Patina alter Kupferstatuen und -dächer: $CuCO_3 \cdot Cu(OH)_2$, $CuSO_4 \cdot Cu(OH)_2$, bzw. $CuCl_2 \cdot 3\,Cu(OH)_2$. Wichtige Kupfererze sind u.a. Kupferkies ($CuFeS_2$), Cuprit (Cu_2O) oder Malachit ($Cu_2(OH)_2(CO_3)$).[2]

Kupferkies bildet in der Industrie das wichtigste Erz zur Darstellung von elementarem Kupfer. Beim Abbau weist das Kupfererz meist einen Kupferanteil von $0.4\text{-}2.0\,\%$ auf, zu niedrig für direkte schmelzmetallurgische Verfahren, daher wird das Erz durch Flotation[2] angereichert. Der Erzschaum wird ausgepresst und der Presskuchen, der das angereicherte Kupfererz enthält, wird durch das schmelzmetallurgische Verfahren zu Rohkupfer weiterverarbeitet.[2–5]

---

[1]Die Lithosphäre umfasst die Erdkruste und den äußeren Teil des Erdmantels.
[2]Luft wird dabei in eine Suspension aus fein gemahlenem Erz und Wasser eingetragen. Im Wasser enthaltene Tenside (oft Xanthogenate) stabilisieren die Luftblasen, die sich an dem Erz anlagern. Pro Tonne Erz werden $10\text{-}50\,g$ Tensid benötigt. An der Oberfläche des Flotationsbades angekommen kann das Erz abgeschöpft werden.[3]

Dabei wird ausgenutzt, dass unter hohen Temperaturen, der Beimengung von Koks und durch Einblasen von Sauerstoff (dem sogenannten Rösten) im Kupferkies zunächst nur das Eisen oxidiert wird, welches mit beigemengtem Quarz eine Eisensilicatschlacke bildet, die sich nicht mit flüssigem Kupfersulfid (Cu_2S) mischt und daher abgetrennt werden kann.[2–5]

$$6\,CuFeS_{2(s)} + 13\,O_{2(g)} \longrightarrow 3\,Cu_2S_{(s)} + 2\,Fe_3O_{4(s)} + 9\,SO_{2(g)} \tag{1}$$

$$Fe_3O_{4(s)} + 2\,CO_{(g)} + 3\,SiO_{2(s)} \longrightarrow 2\,Fe_2SiO_{4(s)} + 2\,CO_{2(g)} \tag{2}$$

Das zur Bildung von Eisensilicatschlacke (Fe_2SiO_4) notwendige Kohlenstoffmonoxid wird durch das Feuern mit Koks erzeugt, welches zugleich die notwendige Wärme für den Prozess bereitstellt. Kupferstein (Cu_2S), dass noch Eisensulfid (FeS) enthält, kann abgestochen werden, da es eine höhere Dichte besitzt als die Eisensilicatschlacke. Durch das nachfolgende Schlackenblasen wird das noch vorhandene Eisensulfid (FeS) zu Eisensilicatschlacke oxidiert. Etwa zwei Drittel des übrig gebliebenen Kupfersulfids (der sogenannte Sparstein) wird durch das Einblasen von Sauerstoff in Kupferoxid (Cu_2O) umgewandelt (das sog. Garblasen), der dann mit dem restlichen Kupfersulfid reagiert.[2]

$$2\,Cu_2S_{(s)} + 3\,O_{2(g)} \longrightarrow 2\,Cu_2O_{(s)} + 2\,SO_{2(g)} + 768.3\,kJ \tag{3}$$

$$116.0\,kJ + Cu_2S_{(s)} + 2\,Cu_2O_{(s)} \longrightarrow 6\,Cu_{(s)} + SO_{2(g)} \tag{4}$$

Das so gewonnene Rohkupfer weißt einen Kupfergehalt von 94-97 Gew.-% auf. Eine weitere Reinigung (Raffination) erfolgt schmelzmetallurgisch, dabei wird das gewonnene Rohkupfer zunächst mit Luftsauerstoff oxidiert und dann mit noch vorhandenem Kupfersulfid wieder umgewandelt. Dabei verflüchtigen sich enthaltene Fremdmetalle, wie Eisen, Nickel, Zink und weitere, als Oxide oder werden verschlackt. Noch vorhandenes Kupferoxid wird anschließend mit Erdgas reduziert. Das so erhaltene Garkupfer besteht zu 99 Gew.-% aus Kupfer und enthält noch Edelmetalle, die erst durch die elektrolytische Raffination abgetrennt werden. Dafür werden Garkupferplatten hergestellt, die als Anoden in eine schwefelsaure Kupfersulfatlösung tauchen; die Kathode bildet ein Feinkupferblech. Während der Elektrolyse gehen unedlere Metalle in Lösung, ohne sich an der Kathode abzuscheiden und die edleren Metalle sinken als Anodenschlamm zu Boden. Die Kupferkationen werden an der Kathode zu Elektrolytkupfer mit einer Reinheit von 99,95 Gew.-% reduziert. Moderne Varianten der Raffination greifen auf unterschiedliche Techniken zurück, die allerdings auf denselben Prinzipien aufbauen.[2,6]

Anodenreaktionen (Beispiele):

$$Cu_{(s)} \longrightarrow Cu^{2+}_{(aq)} + 2\,e^- \tag{5}$$

$$Fe_{(s)} \longrightarrow Fe^{2+}_{(aq)} + 2\,e^- \tag{6}$$

$$Au_{(s)} \longrightarrow Au_{(s)} \tag{7}$$

Kathodenreaktion:

$$Cu^{2+} + 2\,e^- \longrightarrow Cu \tag{8}$$

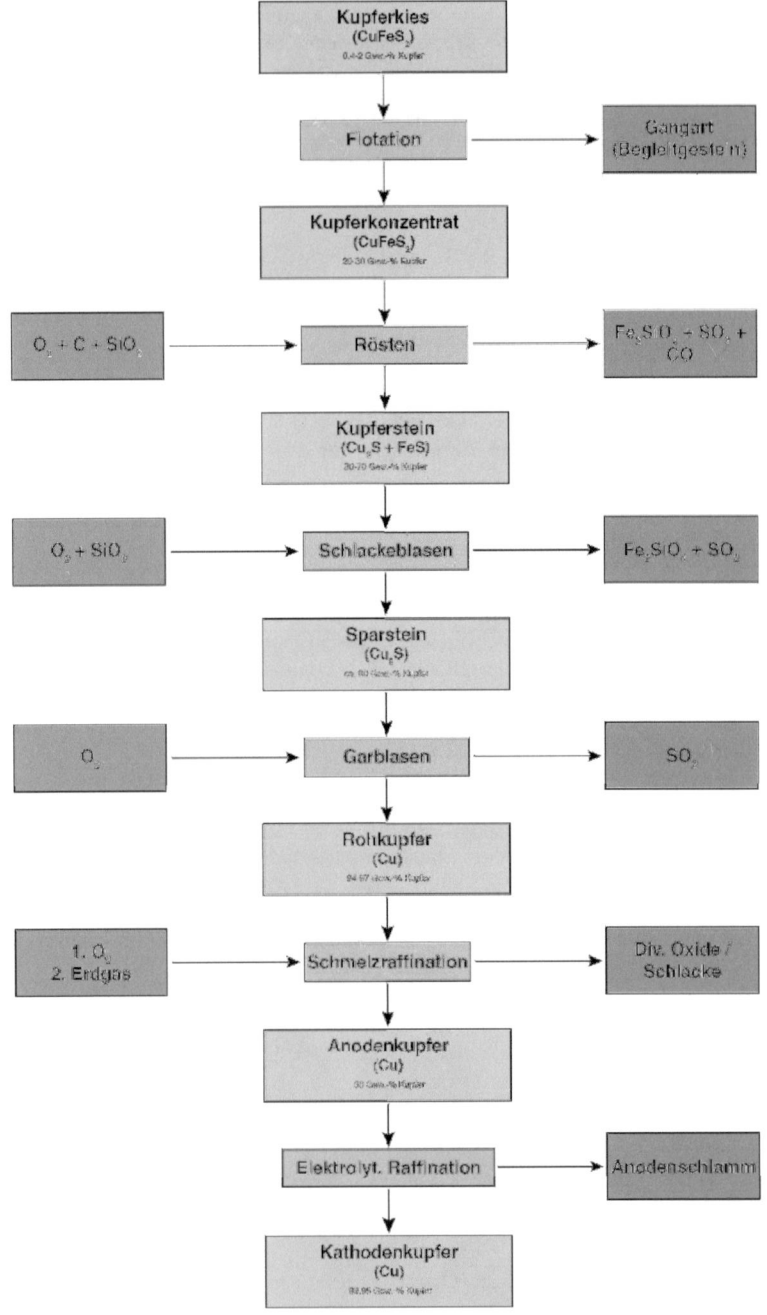

Abb. 1: Vereinfachtes Schema der industriellen Kupferdarstellung.

Da als Nebenprodukt große Mengen an Schwefeldioxid (SO_2) anfallen, wird daraus mit dem Kontaktverfahren häufig Schwefelsäure hergestellt. Dabei reagiert das SO_2 mit Sauerstoff an einem Vanadiumpentoxid-Katalysator zu Schwefeltrioxid. Das wird als Gas in konzentrierte Schwefelsäure geleitet und bildet dort Dischwefelsäure. Verdünnt man diese mit Wasser, entsteht Schwefelsäure:

$$2\,SO_{2(g)} + O_{2(g)} \longrightarrow 2\,SO_{3(g)} \tag{9}$$

$$SO_{3(g)} + H_2SO_{4(l)} \longrightarrow H_2S_2O_{7(l)} \tag{10}$$

$$H_2S_2O_{7(l)} + H_2O_{(l)} \longrightarrow 2\,H_2SO_{4(l)} \tag{11}$$

In diesem Versuch wird Kupfer durch eine aluminothermische Reaktion hergestellt. Das Prinzip der Aluminothermie wurde erstmals 1897 durch Hans Goldschmidt in den sog. „Thermitreaktionen" angewendet. Die thermodynamische Triebkraft ist hier die große Sauerstoffaffinität von Aluminium, welche genutzt wird, um Metalle von darin gelöstem Oxid zu befreien (Desoxidation), wenn eine Reduktion nur schwer oder mit Kohlenstoff nur unter Carbidbildung möglich ist. Dabei werden die Metalle wie folgt reduziert:[7]

$$\frac{2y}{3}\,Al + M_xO_y \longrightarrow xM + \frac{y}{3}\,Al_2O_3 \tag{12}$$

Das sogenannte Thermit ist ein Gemisch des entsprechenden Metalloxids und Aluminiumgrieß, die Zündung eines Themitgemisches erfolgt durch ein Gemisch von Aluminium- oder Magnesiumpulver mit einer leicht Sauerstoff abgebenden Verbindung, wie z. B. Bariumperoxid (die sog. Zündkirsche).[7]

Durch den zusätzlichen Einsatz eines Fließmittels kann die Ausbeute noch erhöht werden, da sich in einem unreaktiven Fließmittel die Schlacke, aber nicht die elementaren Metalle lösen.

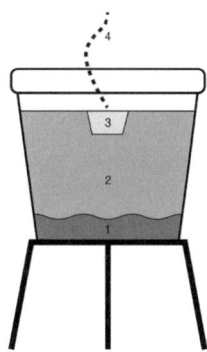

Abb. 2: Schema eines Laboraufbaus der Aluminothermischen Reaktion. (1) Fließmittel (2) Reaktionsmischung (Themitgemisch) (3) Zündkirsche (4) Lunte.

Der Nachteil der aluminothermischen Reaktion ist der Einsatz von Aluminium, welches bereits zuvor elementar dargestellt werden muss.

Aluminium wird technisch durch die Elektrolyse einer Aluminiumoxid-Kryolith-Lösung dargestellt. Dafür wird zunächst reines Aluminiumoxid (Tonerde (Al_2O_3)) aus rotem Bauxit ($Fe_2O_3 \cdot Al(OH)_3$) durch einen alkalischen Aufschluss hergestellt. Hierbei wird ausgenutzt, dass das amphotere $Al(OH)_3$ im Gegensatz zum Eisenoxid/hydroxid in Lauge löslich ist (Bayer-Verfahren).[8]

$$Fe_2O_3 \cdot Al(OH)_{3(s)} + NaOH_{(aq)} \longrightarrow Na[Al(OH)_4]_{(aq)} + Fe_2O_{3(s)}\downarrow \qquad (13)$$

Durch das Verdünnen der Aluminatlösung wird das Aluminiumhydroxid ausgefällt, welches dann anschließend zu Aluminiumoxid totgebrannt wird:[8]

$$Na[Al(OH)_4]_{(aq)} \xrightarrow{H2O} Al(OH)_{3(s)}\downarrow + NaOH_{(aq)} \qquad (14)$$

$$2\,Al(OH)_{3(s)} \xrightarrow{\Delta T} Al_2O_{3(s)} + 3\,H_2O_{(g)}\uparrow \qquad (15)$$

Das so gewonnene reine Aluminiumoxid wird einer Schmelzflusselektrolyse unterworfen. Da der Schmelzpunkt von Aluminiumoxid bei 2045 °C liegt, elektrolysiert man nicht direkt geschmolzenes Aluminiumoxid, sondern in Kryolith (Na_3AlF_6 (Smp.: 1000 °C)) gelöstes Aluminiumoxid (ca. 5:1). Dabei spielen sich folgende Elektrodenvorgänge ab (Hall-Héroult-Prozess):[8]

$$Al_2O_3 \longrightarrow 2\,Al^{3+} + 3\,O^{2-} \qquad \text{(Schmelze)} \quad (16)$$
$$2\,Al^{3+} + 6\,e^- \longrightarrow 2\,Al \qquad \text{(Kathodenprozess)} \quad (17)$$
$$3\,O^{2-} \longrightarrow 1\tfrac{1}{2}O_2 \qquad \text{(Anodenprozess)} \quad (18)$$

Das erhaltene Aluminium weist eine Reinheit von 99,9 % auf und steht für weitere Verwendungen zur Verfügung, um es beispielsweise in einer aluminothermischen Reaktion nutzen zu können, wird es zu Grieß verarbeitet.[8]

3 Verwendete Chemikalien

Für die Synthese wurden Kupfer(II)-oxid, Calciumsulfat-Dihydrat, Aluminium, Caliumfluorid, Magnesium und Bariumperoxid verwendet; außerdem wurde verdünnte Salzsäure benutzt.

4 Experimentelle Durchführung

Um sicherzustellen, dass die eingesetzten Edukte wasserfrei sind, wurden 36 g Kupfer(II)-oxid (0.45 mol) bei 150 °C und 30 g Calciumsulfat-Dihydrat (0.22 mol) bei 500 °C für jeweils zwölf Stunden in den Trockenschrank bzw. in den Ofen gestellt. In einen Tontopf mit 14 cm Durchmesser wurden 10 g Calciumflourid (0.13 mol) gegeben. Darüber wurde die Reaktionsmischung aus dem getrockneten Kupfer(II)-oxid und Calciumsulfat sowie 9 g Aluminium (0.33 mol) gegeben. In die Mischung wurde vorsichtig eine Kuhle gedrückt, in welcher die Zündmischung aus 10 g Magnesium (0.41 mol) und 2 g Bariumperoxid (0.05 mol) gegeben wurde. In die Zündmischung wurde eine Lunte gesteckt. Die Zündung fand an einem trockenen, windgeschützten Platz außerhalb des Labors statt. Nach der Zündung entwickelte sich eine große Stichflamme, die nach etwa einer Minute abklang. Die Reaktionsmischung glühte (vgl. Abb. 3) danach noch etwa 30 Minuten. Nachdem die Mischung abgekühlt war, wurden die Kupferstücke aus der Schlacke gesammelt und danach in verdünnter Salzsäure gereinigt.[9]

Ausbeute: $m(\text{Cu}) = 12.3$ g (0,19 mol bzw. 15,47 % bezogen auf den Kupferanteil im Kupfer(II)-oxid)

Abb. 3: Die aluminothermische Reaktion etwa eine Minute nach Beginn.

5 Ergebnisse und Diskussion

Für diese Synthese von Kupfer sind zwei Reaktionen sehr wichtig. Als Erstes findet die Reaktion der Zündmischung statt, die für die benötigte Aktivierungsenergie sorgt, damit auch die zweite Reaktion starten kann:

$$\text{Mg}_{(s)} + \text{BaO}_{2(s)} \rightarrow \text{MgO}_{(s)} + \text{BaO}_{(s)} + \text{Energie} \tag{19}$$

In der zweiten Reaktion wird nun das Kupfer(II)-oxid mit Hilfe von Aluminium zu elementarem Kupfer reduziert:

$$3\,CuO_{(s)} + 2\,Al_{(s)} \rightarrow Al_2O_{3(s)} + 3\,Cu_{(s)} \qquad (20)$$

Damit auch der Großteil des Kupferoxids mit Aluminium reduziert werden kann, ist es wichtig, dass sich die Reaktionspartner so nah wie möglich sind und sich eine möglichst große Kontakt- und damit auch Reaktionsfläche bietet. Dies wird durch die Vermischung der Edukte bewerkstelligt; zu einem besseren Resultat führt der Einsatz von unreaktiven Stoffen (sogenannten Flussmitteln), die bei der Reaktionstemperatur flüssig vorliegen und dadurch eine homogene Durchmischung der Reaktanden ermöglichen.[1] Die Flussmittel dieser Reaktion sind Calciumfluorid und -sulfat. Für ein Laborpraktikum ist die alumothermische Herstellung von elementarem Kupfer gut geeignet, die großtechnische Darstellung erfolgt jedoch über effizientere Wege (vgl. Abs. 2).

Literatur

[1] Kurz/Stock, *Synthetische Anorganische Chemie*, 1. Aufl., Walter de Gruyter, Berlin, **2013**, 25 f.

[2] A. F. Holleman, E. Wiberg, *Lehrbuch der Anorganischen Chemie, Bd. 102*, Walter de Gruyter, **2007**, 1433 ff.

[3] M. E. Schlesinger, M. J. King, K. C. Sole, W. G. Davenport, *Extractive Metallurgy of Copper*, 5. Aufl., Elsevier (Amsterdam), **2011**, 54 ff.

[4] M. E. Schlesinger, M. J. King, K. C. Sole, W. G. Davenport, *Extractive Metallurgy of Copper*, 5. Aufl., Elsevier (Amsterdam), **2011**, 31 ff.

[5] M. E. Schlesinger, M. J. King, K. C. Sole, W. G. Davenport, *Extractive Metallurgy of Copper*, 5. Aufl., Elsevier (Amsterdam), **2011**, 73 ff.

[6] M. E. Schlesinger, M. J. King, K. C. Sole, W. G. Davenport, *Extractive Metallurgy of Copper*, 5. Aufl., Elsevier (Amsterdam), **2011**, 251 ff.

[7] A. F. Holleman, E. Wiberg, *Lehrbuch der Anorganischen Chemie, Bd. 102*, Walter de Gruyter, **2007**, 1142 f.

[8] A. F. Holleman, E. Wiberg, *Lehrbuch der Anorganischen Chemie, Bd. 102*, Walter de Gruyter, **2007**, 1139 ff.

[9] Kurz/Stock, *Synthetische Anorganische Chemie*, 1. Aufl., Walter de Gruyter, Berlin, **2013**, S. 30.

BEI GRIN MACHT SICH IHR WISSEN BEZAHLT

- Wir veröffentlichen Ihre Hausarbeit, Bachelor- und Masterarbeit

- Ihr eigenes eBook und Buch - weltweit in allen wichtigen Shops

- Verdienen Sie an jedem Verkauf

Jetzt bei www.GRIN.com hochladen und kostenlos publizieren